Warum sind Gewitterwolken schwarz?

Wo ist der Wind, wenn er nicht weht?

Was ist eine Sonnenfinsternis?

Warum fallen die Sterne nicht vom Himmel?

Warum wird alles, was verbrennt, schwarz?

Warum kann man Feuer mit Wasser löschen?

Wo kommen die Berge her?

Warum brennen Brennnesseln?

Warum ist die Banane krumm?

Warum haben die Kakteen Stacheln?

Impressum

Band 2 der Reihe
„Was Kinder wissen wollen“
Velber Verlag

9. Auflage 2008

Illustrationen: Detlef Kersten
Coverfoto: Hartmut W. Schmidt
Fotos: dpa (17, 31); Flugschule Dreyeck-land/NOVA (9); Hartmut W. Schmidt (27); Reinhard Wilde (21, 39); istockphoto (7, 11, 13, 15, 19, 23, 25, 29, 33, 35, 37, 41, 43, 45)

Redaktion: Ulrike Berger
Layoutentwurf: Christoph von Herrath
Layout: Anja Schmidt
Druck und Bindung: L.E.G.O. S.p.A., Italien

ISBN 978-3-86613-073-9

Woher kommen Blitz und Donner?

Verblüffende Antworten über Himmel und Erde

velber

Wie entsteht ein Regenbogen?

Sonnenlicht sieht für uns weiß aus. Aber eigentlich besteht Sonnenlicht aus den Farben Rot, Orange, Gelb, Grün, Blau und Violett.
Wenn es regnet und gleichzeitig die Sonne scheint, dann kannst du einen Regenbogen am Himmel entdecken. Er hat genau diese Farben: Rot, Orange, Gelb, Grün, Blau und Violett. Woher kommt das?
Bei Regen sind in der Luft Wassertropfen. Wenn Sonnenstrahlen auf diese Wassertropfen treffen, zerbrechen sie in die verschiedenen Farben. Jeder Farbstrahl biegt dann in eine andere Richtung ab. Am wenigsten ändert Rot die Richtung. Etwas stärker biegen Orange und Grün ab, am stärksten Blau und Violett. Deswegen reihen sich die Farben im Regenbogen immer in der gleichen Reihenfolge auf: von Rot nach Orange, Gelb, Grün, Blau bis zu Violett.

Übrigens:
Kennst du Glas-Prismen? Ein Prisma kannst du dir ins Fenster hängen. Wenn die Sonne darauf fällt, erscheint bei dir im Zimmer ein Regenbogen. Denn Prismen wirken genau wie Regentropfen.

Warum ist der Himmel blau?

Unsere Erde ist von einer Schutzhülle umgeben. Diese Schutzhülle nennt man Erdatmosphäre. Sie besteht aus vielen verschiedenen kleinen Teilchen, zum Beispiel aus Sauerstoff, Stickstoff und Ozon. Wenn Sonnenlicht von außen auf diese Teilchen trifft, passiert Ähnliches wie beim Regenbogen: Das Sonnenlicht prallt von den Teilchen ab und wird in die verschiedenen Farben geteilt. Die einzelnen Farben ändern ihre Richtung.
Man sagt: Das Licht wird gestreut.

Die unterschiedlichen Farben im Sonnenlicht prallen unterschiedlich stark ab. Besonders stark prallt blaues Licht ab. Das blaue Sonnenlicht rast dann kreuz und quer durch die Erdatmosphäre. Das kannst du dir wie einen blauen Gummiball vorstellen, der wild durchs Zimmer hüpft.
Und so sieht der Himmel, egal von wo wir schauen, blau aus.

Ein Experiment:
Gieße etwa einen Esslöffel Milch in ein Glas Wasser und rühre kräftig um. Das Milchwasser ist deine Atmosphäre. Mache das Licht aus und leuchte mit einer Taschenlampe durch das Glas. Auch das Licht der Taschenlampe besteht aus Rot, Orange, Gelb, Grün, Blau und Violett. Die Milchteilchen streuen das Licht. Und im Glas entsteht ein bläulicher Schein.

Wie entsteht Abendrot?

Am Abend steht die Sonne tief am Himmel und ist weit weg von uns. Dann muss das Licht einen langen Weg durch die Atmosphäre zurücklegen, bis es zu uns kommt. Die Farben des Sonnenlichtes werden auf diesem Weg unterschiedlich stark abgelenkt. Blaues Licht wird am allerstärksten gestreut. Es wird auf diesem langen Weg sogar so stark gestreut, dass unterwegs alles verloren geht. Abends kommt also kein blaues Licht mehr bis zu uns. Am wenigsten wird rotes Licht abgelenkt. So bleibt abends am Ende des langen Wegs von allen Farben noch am meisten Rot übrig. Und deswegen scheint die Sonne am Abend rot. Wenn das rote Licht die Wolken am Himmel beleuchtet, nennt man das Abendrot.

Übrigens:
Auch morgens ist die Sonne weit von uns entfernt. Dann passiert genau das Gleiche. Und das nennt man Morgenrot.

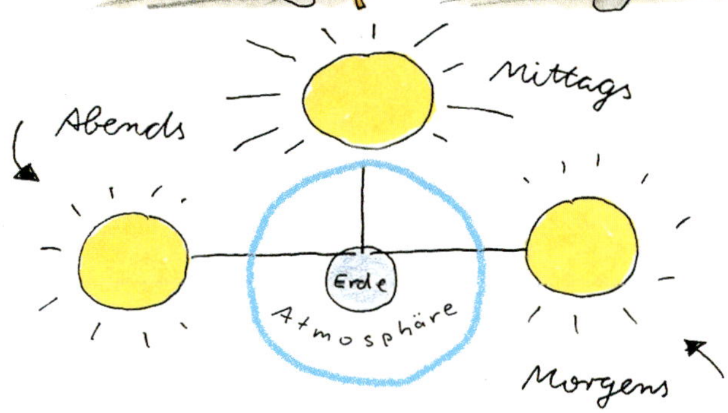

Wie kommt der Sand ans Meer?

Der Sand wird von Flüssen ans Meer gebracht. Hoch in den Bergen reißt das Wasser Steinchen mit. Auf dem langen Weg zum Meer werden die Steinchen im Wasser immer kleiner gemahlen. Bis der Fluss am Meer angekommen ist, sind sie zu winzigen Sandkörnern geworden.
Die Sandkörner bleiben am Rand vom Meer liegen. Wenn das viele Millionen Jahre so geht, entsteht ein Sandstrand.

Sand ist in den Gebieten besonders fein, in denen der Fluss einen langen Weg vom Gebirge bis zum Meer zurücklegen musste. Das Wasser konnte die Steinchen lange mahlen. Es gibt auch Gebiete, in denen das Meer und die Berge sehr nahe beieinander liegen. Auf diesem kurzen Weg haben die Flüsse nicht genug Zeit, um die Steinchen zu zerkleinern. Also gibt es dort keine Sandstrände, sondern nur Kiesstrände.

Wo ist das Meer, wenn Ebbe ist?

Warst du schon einmal am Strand der Nord- oder Ostsee? Zu bestimmten Zeiten ist dort Ebbe. Das heißt, das Wasser ist weit weg und du hast viel Platz, um Sandburgen zu bauen. Aber dann kommt die Flut. Das Meer kommt näher und irgendwann überspült es die Sandburgen.
Nach ein paar Stunden zieht sich das Wasser wieder zurück, und du kannst neue Sandburgen bauen.

Der Grund dafür ist der Mond und seine Anziehungskraft. Wenn der Mond direkt über dem Meer steht, zieht er das Wasser ein bisschen zu sich. Das Wasser im Meer steigt an und fließt dabei weg vom Strand. Das nennt man Ebbe.
Wenn der Mond sich dreht und sich vom Meer entfernt, kann das Meer wieder an den Strand zurückfließen. Und das ist dann Flut!

Warum ist das Meer salzig?

Wirf einmal Salz in eine Wasserschale und rühre um. Du kannst zusehen, wie das Wasser das Salz auflöst. Wenn du die Schale auf die Heizung stellst, verdunstet das Wasser – und nur das Salz bleibt zurück.

Wenn Flüsse von den Bergen zur Küste fließen, löst das Wasser unterwegs winzige Mengen von Salz aus den Steinen im Flussbett auf. Das Wasser fließt ins Meer und nimmt das Salz auf seinem Weg mit.
Wenn die Sonne dann auf das Meer scheint und es erwärmt, verdunstet immer etwas Wasser. Das Salz aber bleibt zurück. Weil das schon viele Millionen Jahre so geht, ist das Meer mittlerweile ganz schön salzig.

Ist das Tote Meer wirklich tot?

Im Vergleich zu anderen Meeren ist das Tote Meer wirklich ziemlich tot. Denn in diesem Meer leben fast keine Lebewesen mehr. Keine Fische, keine Pflanzen. Im Toten Meer leben nur wenige Bakterien. Und am Ufer gibt es einige ganz wenige Pflanzenarten.
Woran das liegt, dass dort fast kein Lebewesen lebt? Schuld daran ist der hohe Salzgehalt in diesem Meer. Das Tote Meer ist so salzig, dass fast kein Wesen darin überleben kann.

Übrigens:
Wer in salzigem Wasser schwimmt, geht nicht so leicht unter. Man sagt: Salziges Wasser trägt. Wer im Toten Meer in Israel badet, kann beinahe auf dem Wasser sitzen, weil das Wasser so salzig ist!

Wo kommen eigentlich die Wolken her?

Wenn die Sonne auf das Meer scheint und es erwärmt, verdunstet Wasser. Dieses Wasser steigt als Wasserdampf in den Himmel. Dort ist es sehr kalt. Je höher der Wasserdampf steigt, desto kühler wird er. Dadurch werden aus dem Dampf wieder feine Wassertröpfchen. Wenn viele Tröpfchen zusammenkommen, ist das eine Wolke. Jede Wolke besteht aus Millionen von kleinen Wassertröpfchen.
Je kälter es wird, desto größer werden diese Tröpfchen. Irgendwann sind die Tröpfchen so groß, dass sie nicht mehr fliegen können. Dann fallen sie als Regen auf die Erde.

Ein Versuch:
Wolken kannst du in der Küche beobachten. Wenn Wasser heiß gemacht wird, steigt Dampf aus dem Topf auf. Dieser Dampf ist wie eine Wolke. An den Kacheln wird der Dampf wieder zu feinen Tröpfchen.

Warum sind Gewitterwolken schwarz?

Alle Wolken bestehen aus vielen, vielen Wassertröpfchen.
Bei den meisten Wolken sind diese Tröpfchen winzig klein. Zwischen den kleinen Tröpfchen ist genug Platz, dass noch Sonne durchkommt. Weil du dieses Licht sehen kannst, erscheinen dir die Wolken weiß.

Gewitterwolken enthalten viele große Wassertröpfchen. Zwischen diesen Tropfen kommen die Sonnenstrahlen nicht mehr hindurch. Daher scheint kein Licht mehr durch die Wolken.
Also sehen diese Wolken von unten ganz schwarz aus.

Warum gibt es Blitz und Donner?

Gewitter gibt es meistens nur an heißen Sommertagen. Heiße Luft steigt hoch in den Himmel. Dort trifft diese Luft auf Wolken. In Gewitterwolken haben sich viele Wassertropfen angesammelt. Wenn die heiße Luft mit viel Schwung auf diese Wassertropfen trifft, werden sie durcheinander gewirbelt. Die Tropfen stoßen aneinander und reiben sich so stark, dass die Wolke dabei elektrisch aufgeladen wird. Dann beginnt es zu funken – und es blitzt!
Dieser Blitz ist schuld an dem Donner, der danach kommt. Wenn der heiße Blitz über den Himmel zuckt, erhitzt er die Luft. Diese heiße Luft dehnt sich mit gewaltiger Kraft aus.
Und rummms – es donnert!

Übrigens:
Etwas Ähnliches geschieht, wenn du in einen Luftballon piekst. Die Luft, die in dem Luftballon zusammengepresst war, dehnt sich explosionsartig aus. Und der Ballon platzt mit einem lauten Donnerknall.

Wo ist der Wind, wenn er nicht weht?

Warme Luft ist leichter als kalte Luft, deshalb steigt sie nach oben. Das hast du bestimmt schon an vielen Stellen beobachtet. Weil warme Luft nach oben steigt, können zum Beispiel Heißluftballons in die Luft steigen.
Oder denke einmal an Weihnachtspyramiden. Diese drehen sich, weil die Luft über den Kerzen heiß wird, nach oben steigt und dabei das Rädchen auf der Pyramide dreht.
So ähnlich entsteht auch der Wind auf dieser Erde. Dort, wo Sonne scheint, wird die Luft warm.
Diese warme Luft steigt nach oben. Jetzt ist aber unter der warmen Luft ein „Luftloch" entstanden. In dieses Luftloch strömt von der Seite kalte Luft hinein, um es zu füllen. Manchmal kommt diese kalte Luft von sehr weit her! Die kalte Luft wird wieder durch die Sonne erwärmt, steigt nach oben, neue kalte Luft strömt in das Loch hinein und so weiter. Diese ganzen Bewegungen der Luft spüren wir. Denn das ist Wind!
Und wenn sich die Luft nicht bewegt, dann gibt es auch keinen Wind – es herrscht Windstille.

Ist der Stille Ozean wirklich still?

Von 1519 bis 1521 segelte der portugiesische Seefahrer Magellan das erste Mal rund um die Welt. Damit wollte er beweisen, dass die Erde wirklich eine Kugel ist.
Auf dieser Reise musste er auch über den Stillen Ozean segeln, der damals noch keinen Namen hatte.

Diese Überfahrt verlief völlig ohne Stürme. Deshalb taufte Magellan dieses neu entdeckte Weltmeer „Stiller Ozean“ oder – nach dem lateinischen Wort für Frieden „Pax“ – „Pazifischer Ozean“.
Es war aber ein Zufall, dass diese Überfahrt so friedlich war. Denn normalerweise gibt es auf dem Stillen Ozean genauso viele Stürme wie auf jedem anderen Weltmeer.

Was ist eine Sonnenfinsternis?

Bei einer totalen Sonnenfinsternis schiebt sich der Mond vor die Sonne. Dadurch ist die Sonne von der Erde aus nicht mehr zu sehen. Mitten am Tag wird es dunkel, als wenn es Nacht wäre. Weil es dunkel ist, siehst du auch die Sterne am Himmel und es wird kälter. Das kann bis zu acht Minuten lang andauern. Dann zieht der Mond weiter und die Sonne kommt wieder hervor.

Das ist ein ganz seltener Moment. Denn dazu müssen Erde, Mond und Sonne genau hintereinander stehen. Und das kommt in unserer Gegend höchstens einmal in hundert Jahren vor.

Übrigens:
Wenn man eine Sonnenfinsternis betrachten will, muss man eine ganz besondere Brille aufziehen. Sonst werden die Augen geschädigt!

Warum fallen die Sterne nicht vom Himmel?

Ein Magnet zieht Gegenstände aus Eisen an. Lege einmal eine Büroklammer auf einen Tisch und nähere dich ihr mit einem Magneten. Schwupp – die Büroklammer wird von dem Magneten angezogen. Wenn die Büroklammer weiter weg ist, rutscht sie nur langsam zum Magnet. Irgendwann ist die Büroklammer so weit weg, dass der Magnet zu schwach ist, um sie zu sich zu ziehen.

Die Erde ist wie ein großer Magnet: Sie zieht alles zu sich. Darum fallen alle Dinge immer nach unten auf die Erde. Je weiter etwas von der Erde weg ist, desto schwächer wird die Anziehungskraft der Erde. Und die Sterne sind sehr, sehr weit weg. So weit weg, dass die Kraft der Erde nicht mehr bis zu ihnen reicht. Und deswegen können die Sterne nicht vom Himmel fallen.

Übrigens:

Manchmal kommen kleine Bruchstücke von Sternen der Erde sehr nahe. Dann reicht die Anziehungskraft unserer Erde aus, um sie an sich zu ziehen. Die Bruchstücke fliegen auf die Erde zu, verglühen dann aber unterwegs in der Erdatmosphäre. Dieses Glühen kannst du sehen – das sind Sternschnuppen!

Warum wird alles, was verbrennt, schwarz?

Alles, was du verbrennst, ist hinterher schwarz: Weißes Papier, braunes Holz, rotes Plastik – verbrannte Dinge sind schwarz wie Kohle. Denn Holz, Plastik und Papier sind aus dem gleichen Material aufgebaut wie schwarze Kohle, nämlich aus Kohlenstoff. Normalerweise erkennt man das nicht. Erst wenn die Dinge brennen, wird der Kohlenstoff für die Augen sichtbar. Und deswegen ist Verbranntes immer kohlrabenschwarz.

Ein Trick:

Du kannst deine Freunde mit einem kleinen Zaubertrick ärgern: Sage ihnen, dass du buntes Papier in schwarzes Papier verwandeln kannst. Dann legst du kleine bunte Blätter auf einen Teller und zündest sie an. Ein Erwachsener sollte aber unbedingt dabei sein! Was passiert? Die bunten Blätter werden natürlich schwarz!

Warum kann man Feuer mit Wasser löschen?

Feuer kann nur dort entstehen, wo es sehr heiß ist. Wenn man ein Streichholz anzündet, wird es für einen kurzen Moment am Streichholzkopf sehr, sehr heiß. Dadurch kann dort eine Flamme entstehen. Um weiter zu brennen, braucht ein Feuer Luft. Ohne Luft geht jedes Feuer bald aus. Das kannst du sehen, wenn du eine Kerze in ein Glas stellst. Verschließe das Glas und warte einen Augenblick. Bereits nach kurzer Zeit erlischt die Flamme.

Wasser löscht Feuer auf zwei verschiedene Weisen:
Das Wasser sorgt dafür, dass das Feuer keine Luft mehr bekommt. Es erstickt nämlich die Flammen. Vor allem aber kühlt Wasser die Stelle, an der das Feuer brennt. So kann das Feuer sich nicht weiter ausbreiten. Denn ohne Hitze fehlt dem Feuer die Kraft zum Brennen.

Wo kommen die Berge her?

Unsere Erde ist eine riesige Kugel. Innen ist die Erdkugel sehr heiß und flüssig. Außen ist diese Flüssigkeit kalt und hart geworden. Man spricht daher von der „Erdkruste“. Diese Kruste ist aber nicht glatt, sondern sie besteht aus lauter riesigen einzelnen Platten. Weil diese Platten auf der Flüssigkeit liegen, bewegen und verschieben sie sich immer. Wenn nun zwei solcher Platten aufeinander stoßen, schiebt sich die eine Platte unter die andere. Die obere Platte hebt sich am Rand in die Höhe. Das passiert ganz langsam und dauert Millionen von Jahren. So entstehen ganz langsam Gebirge.
Das höchste Gebirge der Welt, der Himalaja, wächst heute noch jedes Jahr fast einen Zentimeter!

Andere Berge entstehen durch Vulkanausbrüche. Dabei brechen die Platten an einer etwas dünneren Stelle auf, weil die heiße Flüssigkeit darunter sich nach oben hinausdrückt. So bilden sich Vulkanberge.

Warum ist die Banane krumm?

Bananen wachsen nicht einzeln. Bis zu 100 Bananen wachsen zusammen an einer großen Bananenstaude. Die einzelnen Früchte wachsen dicht nebeneinander. Sie sind in runden Kränzen angeordnet wie bei einem riesigen Tannenzapfen. Eine Bananenstaude mit so vielen Bananen ist sehr schwer. Deshalb hängt sie „mit dem Kopf nach unten“.

Jede einzelne Banane möchte aber nach oben zum Licht wachsen. Das geht nur, wenn sie seitlich aus der Staude herauswächst – und sich dann stark nach oben krümmt. Und so passiert es, dass jede einzelne Banane krumm wird.

Warum haben Kakteen Stacheln?

In der Wüste regnet es manchmal ein ganzes Jahr lang nicht. Aus diesem Grund ist es für Pflanzen und Tiere nicht einfach, in der Wüste zu überleben. Viele Pflanzen haben deshalb Tricks entwickelt.
Kakteen saugen sich, wenn es endlich mal regnet, mit Wasser voll. Dieses Wasser können Kakteen ganz lange speichern. Deswegen macht es ihnen auch nichts aus, wenn es lange nicht regnet.

Der Wasservorrat in den Kakteen ist wie ein großer Schatz. Viele Tiere würden gerne die Kakteen aufessen und so an das Wasser gelangen, das in den Kakteen ist.
Aber die Kakteen haben Stacheln. Und die Stacheln pieksen. Deswegen können die meisten Tiere keine Kakteen fressen. Und so sind die Kakteen vor den Tieren sicher!

Warum brennen Brennnesseln?

Brennnesseln haben unten an den Blättern ganz viele feine Haare. An der Spitze dieser Haare ist eine winzig kleine Kugel, die mit einer juckenden Flüssigkeit gefüllt ist. Wenn du diese Härchen berührst, brechen sie ab und das Kügelchen platzt. Die Härchen ritzen deine Haut ein bisschen ein und die Flüssigkeit kann in die Haut eindringen. Kurz darauf wird die Haut an dieser Stelle rot, fängt an zu jucken und zu brennen.

Brennnesseln schützen sich mit diesem juckenden Gift gegen Tiere, die sie fressen wollen. Denn auch Tiere mögen keine Brennnesseln, weil sie ihnen im Mund wehtun.

Was Kinder wissen wollen

In der Reihe „Was Kinder wissen wollen“
sind bereits folgende Titel erschienen:

Was wäscht der Waschbär?

Verblüffende Antworten aus der Tierwelt

ISBN 978-3-86613-072-2

Woher kommen Blitz und Donner?
Verblüffende Antworten über Himmel und Erde

ISBN 978-3-86613-073-9

Warum haben wir zehn Zehen?
Verblüffende Antworten über den Körper

ISBN 978-3-86613-200-9

Wie kommen die Streifen in die Zahnpasta?
Verblüffende Antworten aus dem Alltag

ISBN 978-3-86613-201-6

Hatten Dinos Karies?

Verblüffende Antworten über die Saurier

ISBN 978-3-86613-239-9

Woher weiß der Toast, wann er fertig ist?
Verblüffende Antworten aus dem Alltag

ISBN 978-3-86613-240-5

Wie viele Höcker hat ein Kamel?
Verblüffende Antworten aus der Tierwelt

ISBN 978-3-86613-256-6

Wie spült die Klospülung?

Verblüffende Antworten über Technik

ISBN 978-3-86613-257-3

Können Schmetterlinge hören?
Verblüffende Antworten über kleine Tiere

ISBN 978-3-86613-227-6

Was spuckt ein Vulkan?

Verblüffende Antworten über Naturgewalten

ISBN 978-3-86613-228-3

Wo ist im Weltall oben und unten?
Verblüffende Antworten über den Kosmos

ISBN 978-3-86613-237-5

Warum knallt die Knallerbse?
Verblüffende Antworten über Pflanzen

ISBN 978-3-86613-238-2

Wie kommt der Ritter in die Rüstung?
Verblüffende Antworten über das Mittelalter

ISBN 978-3-86613-270-2

Wie macht die Kuh die Milch?
Verblüffende Antworten über den Bauernhof

ISBN 978-3-86613-269-6

Können Fische rülpsen?

Verblüffende Antworten über das Meer

ISBN 978-3-86613-282-5

Warum hat ein Bagger Zähne?
Verblüffende Antworten über Baustellen

ISBN 978-3-86613-283-2

Warum stinkt der Käse?

Verblüffende Antworten über Essen und Trinken

ISBN 978-3-86613-293-1

Warum tragen Indianer Federn?
Verblüffende Antworten über Indianer

ISBN 978-3-86613-294-8

Wann darf der Lokführer aufs Klo?
Verblüffende Antworten über die Bahn

ISBN 978-3-86613-524-6

Wo beginnt der Regenbogen?
Verblüffende Antworten über Himmel und Erde

ISBN 978-3-86613-507-9

Wie schnell ist die Feuerwehr?
Verblüffende Antworten über die Feuerwehr

ISBN 978-3-86613-523-9

Frieren Pinguine an den Füßen?
Verblüffende Antworten über Eis und Schnee

ISBN 978-3-86613-525-3

Wie kommt der Fisch in die Stäbchen?
Verblüffende Antworten aus dem Alltag

ISBN 978-3-86613-533-8